THE  TIMES

Su Doku

THE TIMES

Su Doku

The Number-Placing Puzzle

Compiled by Wayne Gould

First published in 2005 by Times Books

HarperCollins Publishers
77–85 Fulham Palace Road
London
W6 8JB

www.collins.co.uk

13

The Times is a registered trademark of Times Newspapers Ltd

ISBN 0–00–720732–8

A catalogue record for this book is available from
the British Library

Printed and bound in Great Britain by Clays Ltd, St Ives plc.

Contents

Puzzles

Solutions

Introduction

In Japan, they don't do many crosswords. They do Su Doku instead. Thousands of puzzles are devoured in train carriages and waiting rooms every day. Yet, although the name is Japanese – roughly translating as 'Number Place' – the puzzle itself, originally, may not be. A simpler version was created by Euler, the 18th-century Swiss mathematician, and today's Su Doku puzzle is thought to have evolved from that. All puzzles in this book were created by Wayne Gould, a puzzle enthusiast and former Hong Kong judge. He came across Su Doku in a Tokyo bookshop, began making puzzles himself, and brought them to *The Times*.

Since the first puzzle appeared on the front cover of T2 on 12 November, 2004, the daily back page Su Doku puzzle has become a phenomenon. Thousands enter the newspaper's competition each day and many readers have written in to say how much they enjoy the puzzles – including former Bletchley Park codebreakers who never miss a day, and computer enthusiasts who have created programmes to solve puzzles that they cannot.

Some readers, it is true, have been less delighted. Family feuds over who gets the back page at breakfast appear to have become commonplace. A few readers have complained that puzzles have been unsolvable (only to see the solutions published the following day), while others have been equally disgruntled to have solved them in minutes. One man even wrote to the editor to plead that no more puzzles appear. Apparently, he couldn't resist doing them on his daily tube journey, and kept missing his stop.

Unlike a crossword, you don't need to speak any particular language to get sucked into a Su Doku puzzle. Indeed, technically speaking, you don't even need to know how to count. You simply have to fit every digit from 1–9, in any order, into each row (left to right), each column (top to bottom) and each box (of nine squares).

A good tip is to think initially in boxes, or better still, bands of boxes. Look for pairs of numbers, from which you can infer a third. If the top left box has a 7 in it, say, and the bottom left box also does, then it shouldn't be too hard to figure out where to put the 7 in the middle left box. Try working this way horizontally, too. If there seem to be two possibilities, just make a note, and move on.

Every puzzle can be solved from the clues provided, by logical steps from beginning to end. Done properly, a puzzle shouldn't require you to guess. Do remember – there is only one solution for each puzzle. If yours doesn't match the solution provided, look again because, somewhere, you've gone wrong. Good luck in there. And try to stay calm.

Hugo Rifkind

			6				7	
7			1	4	5	6		
2			B	C	3		4	
		1	3			8		D
	6	A		8			9	
		9			7	5		
	7		8					6
		2	7	5	4			8
	5				1			

Tips from the compiler

Where to begin? Anywhere you can!

You could just guess where the numbers go. But if you guessed wrong – and the odds are that you would – you would get yourself in an awful mess. You would be blowing away eraser-dust for hours. It's more fun to use reason and logic to winkle out the numbers' true positions.

Here are some logic techniques to get you started.

Look at the 7s in the leftmost stack of three boxes. There's a 7 in the top box and a 7 in the bottom box, but there's no 7 in the middle box. Bear in mind that the 7 in the top box is also the 7 for all of the first column. And the 7 in the bottom box is also the 7 for all of the second column. So the 7 for the middle box cannot go in columns 1 and 2. It must go in column 3. Within the middle box, column 3 already has two clues entered. In fact, there's only one free cell. That cell (marked A) is the only one that can take the 7.

That technique is called slicing. Now for slicing-and-dicing.

Look at the 7s in the band across the top of the grid. The leftmost box has its 7 and so does the rightmost box, but the middle box doesn't have its 7 yet. The 7 in the righthand box accounts for all of the top row. The 7 in the lefthand box does the same for the second row, although in fact the second row of the middle box is all filled up with clues, anyway. Using our slicing technique, we know that the 7 must go in cell B or cell C.

It's time to look in the other direction. Look below the middle box, right down to the middle box at the bottom of the grid. That box has a 7, and it's in column 4. There can be only one of each number in a column, so that means the 7 for the top-middle box cannot go in cell B. It must go in cell C.

The numbers you enter become clues to help you make further progress. For example, look again at the 7 we added to cell A. You can write the 7 in, if you like, to make it more obvious that A is now 7. Using slicing-and-dicing, you should be able to add the 7 to the rightmost box in the middle band. Perhaps D stands for Destination.

If you have never solved a Su Doku puzzle before, those techniques are all you need to get started. However, as you get deeper into the book, especially as you start mixing it with the Difficult puzzles, you will need to develop other skills. The best skills – the ones you will remember, without anyone having to explain them ever again – are the ones you discover for yourself. Perhaps you may even invent a few that no one has ever described before.

Puzzles

Easy

	6	1		3			2	
	5				8	1		7
					7		3	4
		9			6		7	8
		3	2		9	5		
5	7		3			9		
1	9		7					
8		2	4				6	
	4			1		2	5	

1			8	3				2
5	7				1			
			5		9		6	4
7		4			8	5	9	
		3		1		4		
	5	1	4			3		6
3	6		7		4			
			6				7	9
8				5	2			3

	3				7			4
6		2		4	1			
	5			3		9	6	7
	4				3			6
	8	7				3	5	
9			7				2	
7	1	8		2			4	
			1	6		8		9
4			5				3	

	8	5				2	1	
	9	4		1	2			3
		3				7		4
5		3	4		9			
	4		2		6		3	
			1		3	9		7
6		8			5			
1			8	4		3	6	
	2	7				8	9	

Mild

		7				9		
2			5		7			6
	8		1		4		7	
	4			1			3	
6		1				8		9
	9			8			6	
	5		8		9		1	
1			6		3			2
		6				3		

	7		1		3		6	
	5						7	
3				5				1
5			3		4			8
4		7				1		2
9			7		2			4
2				7				3
	3						4	
	6		5		9		2	

				1	3	4		
	8				6	9	5	
6	5							
9	6		2		1			
1				7				2
			3		4		1	6
							7	9
	2	5	8				4	
		9	7	6				

		1		9		2	7	
		9			2		5	
2					3			
3				1	4			2
	8						4	
1			2	8				5
			9					7
	1		3			9		
	4	6		7		5		

Mild

			4		9			
	8			2		7		
	2		5		7	1		6
3			8				6	
7	6						3	1
	1				6			2
2		5	9		8		4	
		9		7			1	
			6		5			

						9	4	5
		6						
5	2		1		3	8		7
	9		3	1				
		3		8		1		
				4	6		2	
7		5	2		8		1	9
						3		
8	6	1						

2			7				5	
				4	8			6
					2	3		9
9			6			2	4	
	7			2			8	
	2	5			1			3
8		4	9					
6			4	8				
	9				3			8

	6	5				3		
2				6	7	9		
	4		3					1
		6		5				4
			4		2			
7				8		1		
6					4		1	
		8	5	7				6
		1				8	3	

	2	7	9					
	5				2		8	4
		8				2		7
	7			3				6
			8	1	7			
3				4			2	
1		6				8		
2	4		6				1	
					5	6	4	

9			2	7	8	1		
		1		3		2	4	9
		3						
	3		8					
		7				5		
					4		3	
						3		
5	7	8		4		9		
		4	5	1	6			7

Mild

		6			7			9
8				3		1		
9			6		5		3	
		3					1	8
			9		1			
2	1					6		
	6		7		3			1
		9		2				4
7			8			5		

4	7		1		8		2	9
		6	9	2	7	1		
	9		6		1		3	
3								4
	4		7		9		8	
		4	8	7	5	3		
5	8		4		3		9	7

	5		8		1		9	
7	3						5	4
8				3				1
		8	3		2	1		
		6	7		4	5		
1				5				9
3	8						1	2
	4		6		8		3	

6	5	3				7		
					9			
8		4		5				3
9				1	7	3		
		5		3		8		
		7	2	9				5
4				7		2		6
			8					
		6				1	5	7

Mild

	1						6	
3								9
2	5		4			3		
4	7		3	1				
	2			7			4	
				4	6		7	8
		3			8		5	7
8								4
	6						1	

	2	4	8	6	1			
1	7			2				5
7		1			3		8	
9				5				4
	8		9			5		1
3				8			1	7
			6	9	2	4	5	

Mild

		1	3		9	7		
7								6
5	6						1	8
	4		6	9	3		7	
				5				
	7		4	8	2		5	
6	3						8	1
2								9
		4	9		1	3		

		8	6					2
3	9				2			
		4	3	7				
		3				8	1	
6		2		1		3		4
	1	5				2		
				6	3	7		
			5				4	9
2					8	1		

Mild

1			9			6	7	
			4				1	3
	9			2				
			5	7	2		3	
3								5
	2		3	9	4			
				4			2	
2	6				5			
	8	5			3			9

								4
	2	8	7	5			3	
	3	1			2			
6	5		2	3	7			
				9				
			6	8	1		5	9
			9			8	6	
	9			2	4	3	1	
5								

				5				
	6		4		9		1	
1	7						9	4
	8	6				5	4	
4			7		3			8
	2	1				6	7	
2	4						8	7
	1		9		4		3	
			3					

6	4	5	9					3
7								
	3				6	8		4
				5			3	9
1			3		7			2
4	2			9				
2		4	8				9	
								5
5					9	4	1	6

		5						6
4			2		9			
3	7			6				8
	4				6			7
	8			5			2	
1			3				9	
5				8			3	2
			9		7			1
6						7		

				9			3	
			8	6		1	2	
			3	4	2	8	6	
		7				2		5
		8				6		
2		1				4		
	3	5	2	7	6			
	1	6		8	4			
	2			5				

	5	2		8	3	9	4	
1	4				7	3	2	
		8			9			
	3	9				7	6	
			7			5		
	6	7	5				9	1
	1	4	6	7		8	3	

								3
			5	9		4		
8	2				4	6		5
		6			5	2		
5			1		6			9
		1	2			3		
1		8	9				4	7
		7		8	3			
2								

Difficult

			1			2	6	
7				3				
3		2		8		4		
			4		8			1
	3	5				9	4	
2			3		5			
		6		5		7		9
				4				8
	5	7			9			

		8		9				
	7					2	8	
	6	4	1			3		9
			8		5	9		
5								1
		9	3		4			
8		2			7	5	6	
	9	7					1	
				6		7		

			7		2			
1				4				7
6	5						9	4
4	7		8		1		6	2
5	8		2		9		1	3
8	6						7	5
9				6				8
			9		8			

		7	2	3	8			
	6		7				5	
			4					2
9						8	6	7
1								3
6	4	8						5
7					3			
	2				5		3	
			1	7	4	9		

5		7						9
	8				2	1	7	
	1			6				4
	9			3				
		1	7		9	3		
				4			6	
8				5			2	
	7	6	2				9	
4						6		8

		9	7					
5					2	7		9
8				1				6
		1	6			4		5
				4				
7		6			8	2		
4				9				8
6		2	3					4
					7	9		

		9					6	4
4								
1			3	6			7	2
		4	6					9
			9		3			
2					5	4		
9	2			5	7			8
								5
3	4					6		

	3				8			5
		5				8		7
				4		9		
			3	9		4		
	5	9		7		2	1	
		2		6	5			
		7		5				
5		1				7		
6			9				2	

3		2	7					9
		8					4	5
		4			1	3		
				5	9			
	9			3			6	
			2	6				
		1	4			2		
2	6					1		
4					2	5		3

	9	5			8			
		2			6	7		
	4							5
	5			2				7
	6			5			2	
4				7			8	
2							4	
		6	1			3		
			3			2	5	

		3				4		
		7	2		8	5		
8				3				7
2			7		3			4
		5				8		
7			5		1			9
1				4				2
		6	8		9	7		
		4				9		

					9	7	5	2
	9							
1	4		8					9
		9	5		2			6
			3		8			
7			1		4	5		
6					3		2	5
							1	
5	2	4	6					

1	2							8
		6			9		4	
					5			6
	5			7		3	1	
			5		4			
	7	2		3			6	
6			7					
	4		6			5		
9							3	7

2								7
		7	6	1				
		9			7	2	6	
		4		6			7	
	5		4		9		3	
	2			7		5		
	8	6	7			9		
				8	4	3		
4								8

Difficult

5					9		6	2
8	7			5			3	
1				4		5	2	
3			9		6			1
	8	4		2				3
	1			6			4	7
7	4		8					9

4	8		6			1	3	
			8					7
2			9		5	6		
1					7	8		
		2	3					1
		4	2		9			5
9					1			
	2	3			6		1	8

6				9		1	8	
	3				6	7		
7							2	
5				2	4			
			6		3			
			9	8				7
	2							8
		9	1				7	
	8	7		5				9

8	5		1			3		
3								7
	4						2	
	1			8		7		
9			3		5			8
		5		2			9	
	3						7	
5								1
		1			2		6	4

5		1		3				7
	8						6	
					6			4
		3	9	6	1			
8			5		3			9
			7	2	8	6		
1			3					
	2						3	
9				7		8		1

7				1			5	4
	9							1
		5	8				6	
4			6	8				
1				4				3
				3	9			2
	2				6	1		
3							2	
5	7			2				8

1	8					4		
			8					
		9		3	4	5		
	4		9	6				
5	2			8			7	6
				5	3		1	
		2	5	1		7		
					2			
		7					9	2

9	3						7	6
5			4	7				2
				9	3			
		9					6	
	6	7				1	8	
	2					3		
			5	4				
2				6	8			3
1	4						2	5

	6			3				
	4	5	9				2	8
		8				7	3	
				9			5	
9			8		6			7
	8			5				
	3	6				9		
4	2				9	3	8	
				2			1	

4								5
1		3				4		
					3		6	
3			5	9		2		8
			8		7			
8		9		6	1			7
	2		4					
		1				5		6
5								9

5		6	4			1		8
			8					
7		9	3			2		4
						3	7	9
2	1	3						
8		5			4	7		2
					5			
3		1			2	9		6

8	7						2	1
			6	8	2			
	9						3	
		6	7		4	3		
		9				2		
		8	2		3	4		
	6						9	
			4	1	9			
9	2						4	8

Difficult

			4		3			
	4			1			6	
2	7						4	9
9			5		1			3
		7				5		
8			2		6			4
7	6						3	2
	3			2			9	
			3		4			

3								8
			2	4	1			
7		6				9		2
	5		4		6		3	
		8				7		
	9		1		8		5	
9		2				4		3
			3	2	4			
4								7

					6	2		
3				2		8	9	
	1		7				3	
	5	3					6	
		2				1		
	8					9	4	
	3				1		8	
	2	7		3				6
		9	8					

3	5		2					6
				3				2
			1		6			
		1		7		5		9
	8		6		4		7	
6		7		1		2		
			4		5			
1				6				
7					1		3	8

		7		6	5			
		8					4	
	6		7			8	3	
6							2	
9	7		2		3		6	1
	5							8
	2	3			7		8	
	9					2		
			1	2		9		

3	9		2			8		
			7				2	9
7			3				5	
						9	3	
			4	1	2			
	5	6						
	7				4			2
4	1				6			
		3			7		8	4

Difficult

2			9		6			1
	1						4	
		4				8		
3			2		7			4
	2	9				3	5	
8			5		3			6
		7				6		
	3						8	
1			7		2			3

2	6						7	1
	1		5		9		8	
		3	4		2	1		
			3		8			
		1	6		7	9		
	3		2		5		4	
8	5						6	2

	5			9	6			
								4
		1		8	3	5		
9		8						
2		6		5		1		9
						4		6
		4	1	6		2		
1								
			2	7			6	

			9	1	8			6
3	8	6	7					
		2						
		4	3				7	
	6			7			5	
	1				4	8		
						7		
					7	6	4	9
9			4	3	6			

	6		2		1		9	
		9				5		
1	2						6	8
7			4		3			2
3			8		6			4
4	9						8	6
		8			2			
	1		7		8		4	

		2	5	7	8			
					1	8		
	6							2
1	5		2		6			9
8								1
3			1		7		8	4
2							7	
		5	9					
			7	1	4	2		

5	7							
				1	3			
4					7	5	8	
6							3	
			9	8	4			
	2							7
	8	1	2					9
			1	3				
							5	4

	5			6				
1	2		8					
		9	7			6		
	7				3			
5	9						7	2
			4				5	
		3			1	5		
					6		1	7
				2			3	

	4	2				1	8	
				8			4	3
			5	1				
					7	4		
9	3						5	2
		7	1					
				4	2			
1	7			5				
	2	9				3	6	

4			1		3			9
		2	8		6	3		
1								8
	1			5			3	
2				7				5
	7			6			2	
6								3
		1	6		5	9		
5			7		2			4

9			2					
8			3					4
	3	5	9		6			
						8	7	
	6						3	
	5	7						
			8		3	6	4	
3					2			5
					1			2

	2					5		
8		6	7				2	4
		5		6				
		2	4				7	
			6		5			
	9				8	1		
				2		7		
5	7				3	2		9
		1					3	

					8			7
8	1	7			2			
			5				1	4
7		2		9		1		5
5		8		7		3		2
3	7			8				
			4			9	7	3
4			5					

Fiendish

	1				8	4		7
9	5							
		8		1				
	8	2						
7			4		6			8
						6	2	
			5		7			
							8	2
5		3	2				1	

7	5			9			4	6
9		1				3		2
2			6		1			7
	8						2	
1			3		8			5
3		9				2		4
8	4			3			7	9

			8	9			2	
		9			5			7
	5					3		
	9	3	5			1		
			1		7			
		1			6	8	4	
		8					6	
9			6			4		
	1			2	8			

	8		7	9				
					2		9	
		3			8	4	5	
		8						1
	9	6				3	7	
3						2		
	3	2	5			9		
	4		8					
				6	4		2	

			4					2
		4		1	2			9
	7				8			
	2			9		1	7	
				8				
	6	1		5			4	
			9				5	
6			1	2		3		
1					3			

1				3	4			9
7	4							
				8		2		
	9		7	2		1	5	
	1	7		9	3		2	
		3		5				
							9	6
6			9	7				5

	6						2	7
			5	1				
7			8					9
5	4			7				
			4		8			
				3			8	2
3					2			1
				6	3			
6	9						3	

			3	4				
2						4		7
	7				8			5
		3			1			2
		9		6		8		
7			2			3		
5			6				1	
1		2						9
				1	4			

	8						2	
		1				6		
2				5				3
		6	5		1	2		
7			6		4			9
		4	7		9	3		
6				1				5
		7				9		
	4						3	

	1	9	2			5		
7				8		3		
	4		5					
3								
	2		1		7		8	
								1
					4		5	
		5		1				6
		2			6	7	9	

	9		5	6	8		2	
	5	6				7	9	
3			4		9			7
4			2		1			8
	7	4				5	1	
	2		1	3	4		7	

1								4
2	4	5				7		8
	3		5					
9					3	1		
			8		7			
		7	6					2
					9		4	
4		2				6	5	3
3								9

		1	4					
				7	8	6		1
				5		9		
	8						2	3
	1	3				5	6	
9	5						7	
		5		4				
3		9	1	8				
					7	3		

1											9
---	---	---		---	---	---		---	---	---
	6			8		7			5	
		7						2		
2	1				5				9	3
				4		8				
4	3				2				8	7
		1						9		
	5			6		9			4	
6										8

				8			2	
4					7	9		
8		3	4					
					5			1
9	4			1			5	2
5			3					
					9	7		3
		9	8					4
	3			6				

4						1		
		2	6			4		
6	7						9	2
	2				4			
	1		7		9		6	
			3				2	
1	3						7	9
		7			5	3		
		8						1

		9						2
			3	1		8		
2		8	6					
	5			2				1
			4		8			
6				9			4	
					6	4		3
		7		8	5			
1						2		

					2	9		
		8		4			7	
			6		7		3	
	4						5	
	5	3	8		9	2	6	
	1						9	
	3		2		4			
	7			5		6		
		5	7					

	5			3				
		1	6			9		8
3	4		7		1			
					7			5
	9						8	
7			2					
			3		9		6	1
6		4			8	3		
				6			7	

8				4		1		3
			5			7		
1	3							
			2		6		8	
5								4
	2		4		7			
							3	1
		2			4			
6		4		7				5

Fiendish

		7	3			2		
3								1
8			6	2				
	7	3	4					5
5					8	4	9	
				6	7			4
2								6
		9			4	3		

	3					7	4	
							8	
			4	8	5	6	2	
2					9			
	6		1		4		3	
			8					9
	9	6	7	3	1			
	2							
	1	7					6	

1								
		2	3				7	4
			2				8	5
6			8	7			5	
			9		6			
	9			2	4			3
5	8				2			
9	4				7	8		
								6

3			1					4
							9	
		2			9		3	
1			2			7		
		3				8		
		8			6			1
	1		4			2		
	5							
4					7			8

4	6				1			
		2		9	6			
	3						6	8
							3	7
			6		7			
5	1							
8	4						5	
			7	1		9		
			3				2	4

Solutions

Su Doku

1

7	6	1	9	3	4	8	2	5
3	5	4	6	2	8	1	9	7
9	2	8	1	5	7	6	3	4
2	1	9	5	4	6	3	7	8
4	8	3	2	7	9	5	1	6
5	7	6	3	8	1	9	4	2
1	9	5	7	6	2	4	8	3
8	3	2	4	9	5	7	6	1
6	4	7	8	1	3	2	5	9

2

1	4	9	8	3	6	7	5	2
5	7	6	2	4	1	9	3	8
2	3	8	5	7	9	1	6	4
7	2	4	3	6	8	5	9	1
6	8	3	9	1	5	4	2	7
9	5	1	4	2	7	3	8	6
3	6	2	7	9	4	8	1	5
4	1	5	6	8	3	2	7	9
8	9	7	1	5	2	6	4	3

3

8	3	9	6	5	7	2	1	4
6	7	2	9	4	1	5	8	3
1	5	4	8	3	2	9	6	7
5	4	1	2	8	3	7	9	6
2	8	7	4	9	6	3	5	1
9	6	3	7	1	5	4	2	8
7	1	8	3	2	9	6	4	5
3	2	5	1	6	4	8	7	9
4	9	6	5	7	8	1	3	2

4

3	8	5	7	6	4	2	1	9
7	9	4	5	1	2	6	8	3
2	1	6	3	9	8	7	5	4
5	7	3	4	8	9	1	2	6
9	4	1	2	7	6	5	3	8
8	6	2	1	5	3	9	4	7
6	3	8	9	2	5	4	7	1
1	5	9	8	4	7	3	6	2
4	2	7	6	3	1	8	9	5

5

4	6	7	2	3	8	9	5	1
2	1	3	5	9	7	4	8	6
5	8	9	1	6	4	2	7	3
8	4	2	9	1	6	7	3	5
6	3	1	4	7	5	8	2	9
7	9	5	3	8	2	1	6	4
3	5	4	8	2	9	6	1	7
1	7	8	6	4	3	5	9	2
9	2	6	7	5	1	3	4	8

6

8	7	2	1	9	3	4	6	5
6	5	1	2	4	8	3	7	9
3	4	9	6	5	7	2	8	1
5	2	6	3	1	4	7	9	8
4	8	7	9	6	5	1	3	2
9	1	3	7	8	2	6	5	4
2	9	8	4	7	6	5	1	3
7	3	5	8	2	1	9	4	6
1	6	4	5	3	9	8	2	7

7

2	9	7	5	1	3	4	6	8
3	8	1	4	2	6	9	5	7
6	5	4	9	8	7	1	2	3
9	6	8	2	5	1	7	3	4
1	4	3	6	7	8	5	9	2
5	7	2	3	9	4	8	1	6
8	3	6	1	4	5	2	7	9
7	2	5	8	3	9	6	4	1
4	1	9	7	6	2	3	8	5

8

5	3	1	4	9	8	2	7	6
4	7	9	1	6	2	3	5	8
2	6	8	7	5	3	4	1	9
3	5	7	6	1	4	8	9	2
6	8	2	5	3	9	7	4	1
1	9	4	2	8	7	6	3	5
8	2	3	9	4	5	1	6	7
7	1	5	3	2	6	9	8	4
9	4	6	8	7	1	5	2	3

9

1	5	7	4	6	9	3	2	8
9	8	6	1	2	3	7	5	4
4	2	3	5	8	7	1	9	6
3	9	2	8	5	1	4	6	7
7	6	8	2	9	4	5	3	1
5	1	4	7	3	6	9	8	2
2	7	5	9	1	8	6	4	3
6	4	9	3	7	2	8	1	5
8	3	1	6	4	5	2	7	9

10

3	1	8	6	2	7	9	4	5
9	7	6	8	5	4	2	3	1
5	2	4	1	9	3	8	6	7
4	9	2	3	1	5	6	7	8
6	5	3	7	8	2	1	9	4
1	8	7	9	4	6	5	2	3
7	3	5	2	6	8	4	1	9
2	4	9	5	7	1	3	8	6
8	6	1	4	3	9	7	5	2

11

2	6	1	7	3	9	8	5	4
3	5	9	1	4	8	7	2	6
7	4	8	5	6	2	3	1	9
9	8	3	6	5	7	2	4	1
1	7	6	3	2	4	9	8	5
4	2	5	8	9	1	6	7	3
8	1	4	9	7	6	5	3	2
6	3	2	4	8	5	1	9	7
5	9	7	2	1	3	4	6	8

12

1	6	5	9	4	8	3	7	2
2	8	3	1	6	7	9	4	5
9	4	7	3	2	5	6	8	1
8	1	6	7	5	3	2	9	4
5	3	9	4	1	2	7	6	8
7	2	4	6	8	9	1	5	3
6	7	2	8	3	4	5	1	9
3	9	8	5	7	1	4	2	6
4	5	1	2	9	6	8	3	7

Su Doku

13

4	2	7	9	8	3	5	6	1
9	5	1	7	6	2	3	8	4
6	3	8	4	5	1	2	9	7
8	7	4	2	3	9	1	5	6
5	6	2	8	1	7	4	3	9
3	1	9	5	4	6	7	2	8
1	9	6	3	2	4	8	7	5
2	4	5	6	7	8	9	1	3
7	8	3	1	9	5	6	4	2

14

9	4	5	2	7	8	1	6	3
7	8	1	6	3	5	2	4	9
2	6	3	4	9	1	7	8	5
1	3	6	8	5	9	4	7	2
4	2	7	1	6	3	5	9	8
8	5	9	7	2	4	6	3	1
6	1	2	9	8	7	3	5	4
5	7	8	3	4	2	9	1	6
3	9	4	5	1	6	8	2	7

15

1	3	6	4	8	7	2	5	9
8	7	5	2	3	9	1	4	6
9	4	2	6	1	5	8	3	7
6	9	3	5	7	2	4	1	8
5	8	4	9	6	1	3	7	2
2	1	7	3	4	8	6	9	5
4	6	8	7	5	3	9	2	1
3	5	9	1	2	6	7	8	4
7	2	1	8	9	4	5	6	3

16

4	7	3	1	6	8	5	2	9
1	2	9	3	5	4	8	7	6
8	5	6	9	2	7	1	4	3
2	9	8	6	4	1	7	3	5
3	1	7	5	8	2	9	6	4
6	4	5	7	3	9	2	8	1
9	6	4	8	7	5	3	1	2
7	3	1	2	9	6	4	5	8
5	8	2	4	1	3	6	9	7

Su Doku

17

6	5	2	8	4	1	3	9	7
7	3	1	9	2	6	8	5	4
8	9	4	5	3	7	2	6	1
5	7	8	3	9	2	1	4	6
4	2	3	1	6	5	9	7	8
9	1	6	7	8	4	5	2	3
1	6	7	2	5	3	4	8	9
3	8	5	4	7	9	6	1	2
2	4	9	6	1	8	7	3	5

18

6	5	3	4	8	2	7	9	1
7	1	2	3	6	9	5	4	8
8	9	4	7	5	1	6	2	3
9	4	8	5	1	7	3	6	2
1	2	5	6	3	4	8	7	9
3	6	7	2	9	8	4	1	5
4	3	9	1	7	5	2	8	6
5	7	1	8	2	6	9	3	4
2	8	6	9	4	3	1	5	7

19

7	1	9	2	8	3	4	6	5
3	8	4	1	6	5	7	2	9
2	5	6	4	9	7	3	8	1
4	7	8	3	1	2	5	9	6
6	2	5	8	7	9	1	4	3
9	3	1	5	4	6	2	7	8
1	4	3	6	2	8	9	5	7
8	9	2	7	5	1	6	3	4
5	6	7	9	3	4	8	1	2

20

5	2	4	8	6	1	3	7	9
1	7	3	4	2	9	8	6	5
6	9	8	7	3	5	1	4	2
7	5	1	2	4	3	9	8	6
9	3	6	1	5	8	7	2	4
4	8	2	9	7	6	5	3	1
2	4	5	3	1	7	6	9	8
3	6	9	5	8	4	2	1	7
8	1	7	6	9	2	4	5	3

21

4	8	1	3	6	9	7	2	5
7	9	2	5	1	8	4	3	6
5	6	3	2	7	4	9	1	8
1	4	5	6	9	3	8	7	2
3	2	8	1	5	7	6	9	4
9	7	6	4	8	2	1	5	3
6	3	9	7	4	5	2	8	1
2	1	7	8	3	6	5	4	9
8	5	4	9	2	1	3	6	7

22

1	7	8	6	5	9	4	3	2
3	9	6	4	8	2	5	7	1
5	2	4	3	7	1	9	8	6
7	4	3	2	9	6	8	1	5
6	8	2	7	1	5	3	9	4
9	1	5	8	3	4	2	6	7
4	5	9	1	6	3	7	2	8
8	3	1	5	2	7	6	4	9
2	6	7	9	4	8	1	5	3

23

1	5	4	9	3	8	6	7	2
8	7	2	4	5	6	9	1	3
6	9	3	1	2	7	8	5	4
9	1	8	5	7	2	4	3	6
3	4	7	8	6	1	2	9	5
5	2	6	3	9	4	1	8	7
7	3	1	6	4	9	5	2	8
2	6	9	7	8	5	3	4	1
4	8	5	2	1	3	7	6	9

24

7	6	5	3	1	9	2	8	4
4	2	8	7	5	6	9	3	1
9	3	1	8	4	2	5	7	6
6	5	9	2	3	7	1	4	8
1	8	7	4	9	5	6	2	3
3	4	2	6	8	1	7	5	9
2	1	4	9	7	3	8	6	5
8	9	6	5	2	4	3	1	7
5	7	3	1	6	8	4	9	2

25

9	3	4	8	5	1	7	6	2
8	6	2	4	7	9	3	1	5
1	7	5	3	2	6	8	9	4
7	8	6	1	9	2	5	4	3
4	5	9	7	6	3	1	2	8
3	2	1	5	4	8	6	7	9
2	4	3	6	1	5	9	8	7
5	1	7	9	8	4	2	3	6
6	9	8	2	3	7	4	5	1

26

6	4	5	9	1	8	7	2	3
7	8	2	5	4	3	9	6	1
9	3	1	7	2	6	8	5	4
8	6	7	4	5	2	1	3	9
1	5	9	3	8	7	6	4	2
4	2	3	6	9	1	5	7	8
2	1	4	8	6	5	3	9	7
3	9	6	1	7	4	2	8	5
5	7	8	2	3	9	4	1	6

9	1	5	7	3	8	2	4	6
4	6	8	2	1	9	3	7	5
3	7	2	4	6	5	9	1	8
2	4	3	8	9	6	1	5	7
7	8	9	1	5	4	6	2	3
1	5	6	3	7	2	8	9	4
5	9	7	6	8	1	4	3	2
8	3	4	9	2	7	5	6	1
6	2	1	5	4	3	7	8	9

6	8	2	7	9	1	5	3	4
4	7	3	8	6	5	1	2	9
1	5	9	3	4	2	8	6	7
3	4	7	6	1	8	2	9	5
5	9	8	4	2	7	6	1	3
2	6	1	5	3	9	4	7	8
8	3	5	2	7	6	9	4	1
7	1	6	9	8	4	3	5	2
9	2	4	1	5	3	7	8	6

Su Doku

29

7	5	2	1	8	3	9	4	6
8	9	3	4	2	6	1	5	7
1	4	6	9	5	7	3	2	8
5	7	8	2	6	9	4	1	3
4	3	9	8	1	5	7	6	2
6	2	1	7	3	4	5	8	9
3	6	7	5	4	8	2	9	1
2	8	5	3	9	1	6	7	4
9	1	4	6	7	2	8	3	5

30

4	1	5	6	2	7	8	9	3
6	7	3	5	9	8	4	2	1
8	2	9	3	1	4	6	7	5
3	9	6	8	7	5	2	1	4
5	4	2	1	3	6	7	8	9
7	8	1	2	4	9	3	5	6
1	3	8	9	6	2	5	4	7
9	5	7	4	8	3	1	6	2
2	6	4	7	5	1	9	3	8

5	9	8	1	7	4	2	6	3
7	6	4	9	3	2	1	8	5
3	1	2	5	8	6	4	9	7
6	7	9	4	2	8	5	3	1
8	3	5	6	1	7	9	4	2
2	4	1	3	9	5	8	7	6
4	8	6	2	5	3	7	1	9
9	2	3	7	4	1	6	5	8
1	5	7	8	6	9	3	2	4

3	5	8	7	9	2	1	4	6
9	7	1	4	3	6	2	8	5
2	6	4	1	5	8	3	7	9
7	2	6	8	1	5	9	3	4
5	4	3	6	7	9	8	2	1
1	8	9	3	2	4	6	5	7
8	1	2	9	4	7	5	6	3
6	9	7	5	8	3	4	1	2
4	3	5	2	6	1	7	9	8

33

3	4	8	7	9	2	6	5	1
1	9	2	6	4	5	8	3	7
6	5	7	1	8	3	2	9	4
4	7	9	8	3	1	5	6	2
2	1	3	4	5	6	7	8	9
5	8	6	2	7	9	4	1	3
8	6	1	3	2	4	9	7	5
9	3	4	5	6	7	1	2	8
7	2	5	9	1	8	3	4	6

34

5	1	7	2	3	8	6	4	9
2	6	4	7	1	9	3	5	8
3	8	9	4	5	6	1	7	2
9	3	2	5	4	1	8	6	7
1	7	5	8	6	2	4	9	3
6	4	8	3	9	7	2	1	5
7	9	1	6	2	3	5	8	4
4	2	6	9	8	5	7	3	1
8	5	3	1	7	4	9	2	6

35

5	6	7	4	1	8	2	3	9
3	8	4	5	9	2	1	7	6
9	1	2	3	6	7	8	5	4
2	9	8	6	3	5	7	4	1
6	4	1	7	2	9	3	8	5
7	5	3	8	4	1	9	6	2
8	3	9	1	5	6	4	2	7
1	7	6	2	8	4	5	9	3
4	2	5	9	7	3	6	1	8

36

3	1	9	7	6	4	8	5	2
5	6	4	8	3	2	7	1	9
8	2	7	5	1	9	3	4	6
2	8	1	6	7	3	4	9	5
9	3	5	2	4	1	6	8	7
7	4	6	9	5	8	2	3	1
4	7	3	1	9	6	5	2	8
6	9	2	3	8	5	1	7	4
1	5	8	4	2	7	9	6	3

37

7	3	9	5	2	1	8	6	4
4	6	2	8	7	9	1	5	3
1	5	8	3	6	4	9	7	2
5	1	4	6	8	2	7	3	9
6	8	7	9	4	3	5	2	1
2	9	3	7	1	5	4	8	6
9	2	6	1	5	7	3	4	8
8	7	1	4	3	6	2	9	5
3	4	5	2	9	8	6	1	7

38

9	3	4	7	2	8	1	6	5
2	1	5	6	3	9	8	4	7
7	6	8	5	4	1	9	3	2
1	7	6	3	9	2	4	5	8
3	5	9	8	7	4	2	1	6
8	4	2	1	6	5	3	7	9
4	9	7	2	5	3	6	8	1
5	2	1	4	8	6	7	9	3
6	8	3	9	1	7	5	2	4

39

3	5	2	7	4	8	6	1	9
9	1	8	3	2	6	7	4	5
6	7	4	5	9	1	3	2	8
1	2	6	8	5	9	4	3	7
5	9	7	1	3	4	8	6	2
8	4	3	2	6	7	9	5	1
7	3	1	4	8	5	2	9	6
2	6	5	9	7	3	1	8	4
4	8	9	6	1	2	5	7	3

40

7	9	5	4	3	8	1	6	2
8	1	2	5	9	6	7	3	4
6	4	3	2	1	7	8	9	5
3	5	8	6	2	4	9	1	7
9	6	7	8	5	1	4	2	3
4	2	1	9	7	3	5	8	6
2	3	9	7	8	5	6	4	1
5	8	6	1	4	2	3	7	9
1	7	4	3	6	9	2	5	8

41

9	6	3	1	5	7	4	2	8
4	1	7	2	9	8	5	6	3
8	5	2	4	3	6	1	9	7
2	9	1	7	8	3	6	5	4
6	3	5	9	2	4	8	7	1
7	4	8	5	6	1	2	3	9
1	7	9	6	4	5	3	8	2
3	2	6	8	1	9	7	4	5
5	8	4	3	7	2	9	1	6

42

8	6	3	4	1	9	7	5	2
2	9	5	7	3	6	1	4	8
1	4	7	8	2	5	3	6	9
3	1	9	5	7	2	4	8	6
4	5	6	3	9	8	2	7	1
7	8	2	1	6	4	5	9	3
6	7	1	9	4	3	8	2	5
9	3	8	2	5	7	6	1	4
5	2	4	6	8	1	9	3	7

43

1	2	4	3	6	7	9	5	8
5	8	6	1	2	9	7	4	3
7	9	3	8	4	5	1	2	6
8	5	9	2	7	6	3	1	4
3	6	1	5	8	4	2	7	9
4	7	2	9	3	1	8	6	5
6	3	5	7	1	8	4	9	2
2	4	7	6	9	3	5	8	1
9	1	8	4	5	2	6	3	7

44

2	6	5	9	4	3	1	8	7
8	3	7	6	1	2	4	9	5
1	4	9	8	5	7	2	6	3
3	9	4	1	6	5	8	7	2
7	5	8	4	2	9	6	3	1
6	2	1	3	7	8	5	4	9
5	8	6	7	3	1	9	2	4
9	7	2	5	8	4	3	1	6
4	1	3	2	9	6	7	5	8

45

4	6	2	1	3	7	8	9	5
5	3	1	4	8	9	7	6	2
8	7	9	6	5	2	1	3	4
1	9	7	3	4	8	5	2	6
3	2	5	9	7	6	4	8	1
6	8	4	5	2	1	9	7	3
9	1	8	2	6	5	3	4	7
7	4	6	8	1	3	2	5	9
2	5	3	7	9	4	6	1	8

46

4	8	5	6	7	2	1	3	9
6	9	1	8	4	3	2	5	7
2	3	7	9	1	5	6	8	4
1	4	9	5	6	7	8	2	3
3	7	8	1	2	4	5	9	6
5	6	2	3	9	8	4	7	1
8	1	4	2	3	9	7	6	5
9	5	6	7	8	1	3	4	2
7	2	3	4	5	6	9	1	8

47

6	4	2	5	9	7	1	8	3
8	3	1	2	4	6	7	9	5
7	9	5	8	3	1	4	2	6
5	6	8	7	2	4	9	3	1
9	7	4	6	1	3	8	5	2
2	1	3	9	8	5	6	4	7
4	2	6	3	7	9	5	1	8
3	5	9	1	6	8	2	7	4
1	8	7	4	5	2	3	6	9

48

8	5	2	1	7	6	3	4	9
3	6	9	2	5	4	1	8	7
1	4	7	8	9	3	6	2	5
2	1	3	4	8	9	7	5	6
9	7	4	3	6	5	2	1	8
6	8	5	7	2	1	4	9	3
4	3	6	9	1	8	5	7	2
5	2	8	6	4	7	9	3	1
7	9	1	5	3	2	8	6	4

49

5	6	1	2	3	4	9	8	7
3	8	4	1	9	7	5	6	2
7	9	2	8	5	6	3	1	4
2	5	3	9	6	1	4	7	8
8	7	6	5	4	3	1	2	9
4	1	9	7	2	8	6	5	3
1	4	7	3	8	5	2	9	6
6	2	8	4	1	9	7	3	5
9	3	5	6	7	2	8	4	1

50

7	6	3	9	1	2	8	5	4
8	9	4	3	6	5	2	7	1
2	1	5	8	7	4	3	6	9
4	3	2	6	8	1	7	9	5
1	5	9	2	4	7	6	8	3
6	8	7	5	3	9	4	1	2
9	2	8	4	5	6	1	3	7
3	4	1	7	9	8	5	2	6
5	7	6	1	2	3	9	4	8

51

1	8	5	7	2	6	4	3	9
3	7	4	8	9	5	6	2	1
2	6	9	1	3	4	5	8	7
8	4	1	9	6	7	2	5	3
5	2	3	4	8	1	9	7	6
7	9	6	2	5	3	8	1	4
4	3	2	5	1	9	7	6	8
9	1	8	6	7	2	3	4	5
6	5	7	3	4	8	1	9	2

52

9	3	2	8	5	1	4	7	6
5	1	8	4	7	6	9	3	2
6	7	4	2	9	3	5	1	8
8	5	9	3	1	4	2	6	7
3	6	7	9	2	5	1	8	4
4	2	1	6	8	7	3	5	9
7	8	3	5	4	2	6	9	1
2	9	5	1	6	8	7	4	3
1	4	6	7	3	9	8	2	5

53

1	6	7	2	3	8	5	9	4
3	4	5	9	7	1	6	2	8
2	9	8	6	4	5	7	3	1
6	1	2	4	9	7	8	5	3
9	5	3	8	1	6	2	4	7
7	8	4	3	5	2	1	6	9
5	3	6	1	8	4	9	7	2
4	2	1	7	6	9	3	8	5
8	7	9	5	2	3	4	1	6

54

4	6	8	1	7	2	9	3	5
1	9	3	6	8	5	4	7	2
7	5	2	9	4	3	8	6	1
3	7	6	5	9	4	2	1	8
2	1	5	8	3	7	6	9	4
8	4	9	2	6	1	3	5	7
6	2	7	4	5	9	1	8	3
9	3	1	7	2	8	5	4	6
5	8	4	3	1	6	7	2	9

55

5	3	6	4	2	7	1	9	8
1	2	4	8	6	9	5	3	7
7	8	9	3	5	1	2	6	4
4	5	8	2	1	6	3	7	9
9	6	7	5	4	3	8	2	1
2	1	3	9	7	8	6	4	5
8	9	5	6	3	4	7	1	2
6	7	2	1	9	5	4	8	3
3	4	1	7	8	2	9	5	6

56

8	7	4	9	3	5	6	2	1
1	3	5	6	8	2	9	7	4
6	9	2	1	4	7	8	3	5
2	1	6	7	5	4	3	8	9
3	4	9	8	6	1	2	5	7
7	5	8	2	9	3	4	1	6
4	6	7	5	2	8	1	9	3
5	8	3	4	1	9	7	6	2
9	2	1	3	7	6	5	4	8

57

6	8	5	4	9	3	2	7	1
3	4	9	7	1	2	8	6	5
2	7	1	8	6	5	3	4	9
9	2	6	5	4	1	7	8	3
4	1	7	9	3	8	5	2	6
8	5	3	2	7	6	9	1	4
7	6	8	1	5	9	4	3	2
5	3	4	6	2	7	1	9	8
1	9	2	3	8	4	6	5	7

58

3	2	4	9	6	7	5	1	8
5	8	9	2	4	1	3	7	6
7	1	6	8	5	3	9	4	2
2	5	7	4	9	6	8	3	1
1	4	8	5	3	2	7	6	9
6	9	3	1	7	8	2	5	4
9	6	2	7	1	5	4	8	3
8	7	1	3	2	4	6	9	5
4	3	5	6	8	9	1	2	7

59

5	9	8	3	1	6	2	7	4
3	7	6	5	2	4	8	9	1
2	1	4	7	9	8	6	3	5
9	5	3	1	4	2	7	6	8
4	6	2	9	8	7	1	5	3
7	8	1	6	5	3	9	4	2
6	3	5	2	7	1	4	8	9
8	2	7	4	3	9	5	1	6
1	4	9	8	6	5	3	2	7

60

3	5	9	2	4	8	7	1	6
8	1	6	7	3	9	4	5	2
2	7	4	1	5	6	8	9	3
4	3	1	8	7	2	5	6	9
5	8	2	6	9	4	3	7	1
6	9	7	5	1	3	2	8	4
9	6	3	4	8	5	1	2	7
1	2	8	3	6	7	9	4	5
7	4	5	9	2	1	6	3	8

61

4	3	7	8	6	5	1	9	2
5	1	8	3	9	2	7	4	6
2	6	9	7	4	1	8	3	5
6	8	1	5	7	4	3	2	9
9	7	4	2	8	3	5	6	1
3	5	2	6	1	9	4	7	8
1	2	3	9	5	7	6	8	4
8	9	5	4	3	6	2	1	7
7	4	6	1	2	8	9	5	3

62

3	9	4	2	6	5	8	1	7
6	8	5	7	4	1	3	2	9
7	2	1	3	8	9	4	5	6
2	4	7	6	5	8	9	3	1
8	3	9	4	1	2	7	6	5
1	5	6	9	7	3	2	4	8
5	7	8	1	3	4	6	9	2
4	1	2	8	9	6	5	7	3
9	6	3	5	2	7	1	8	4

63

2	7	8	9	4	6	5	3	1
6	1	3	8	2	5	7	4	9
9	5	4	3	7	1	8	6	2
3	6	5	2	8	7	9	1	4
7	2	9	6	1	4	3	5	8
8	4	1	5	9	3	2	7	6
4	9	7	1	3	8	6	2	5
5	3	2	4	6	9	1	8	7
1	8	6	7	5	2	4	9	3

64

5	7	8	1	2	6	4	9	3
2	6	9	8	3	4	5	7	1
3	1	4	5	7	9	2	8	6
6	8	3	4	9	2	1	5	7
7	9	5	3	1	8	6	2	4
4	2	1	6	5	7	9	3	8
1	3	6	2	8	5	7	4	9
8	5	7	9	4	1	3	6	2
9	4	2	7	6	3	8	1	5

65

4	5	3	7	9	6	8	1	2
8	7	9	5	2	1	6	3	4
6	2	1	4	8	3	5	9	7
9	1	8	6	4	2	3	7	5
2	4	6	3	5	7	1	8	9
5	3	7	8	1	9	4	2	6
7	9	4	1	6	8	2	5	3
1	6	2	9	3	5	7	4	8
3	8	5	2	7	4	9	6	1

66

4	7	5	9	1	8	3	2	6
3	8	6	7	4	2	1	9	5
1	9	2	6	5	3	4	8	7
8	5	4	3	6	9	2	7	1
2	6	3	8	7	1	9	5	4
7	1	9	5	2	4	8	6	3
6	4	8	1	9	5	7	3	2
5	3	1	2	8	7	6	4	9
9	2	7	4	3	6	5	1	8

67

5	6	4	2	8	1	7	9	3
8	7	9	6	3	4	5	2	1
1	2	3	9	5	7	4	6	8
7	8	1	4	9	3	6	5	2
9	4	6	5	1	2	8	3	7
3	5	2	8	7	6	9	1	4
4	9	7	3	2	5	1	8	6
6	3	8	1	4	9	2	7	5
2	1	5	7	6	8	3	4	9

68

4	1	2	5	7	8	3	9	6
5	3	9	6	2	1	8	4	7
7	6	8	3	4	9	1	5	2
1	5	4	2	8	6	7	3	9
8	9	7	4	5	3	6	2	1
3	2	6	1	9	7	5	8	4
2	4	1	8	6	5	9	7	3
6	7	5	9	3	2	4	1	8
9	8	3	7	1	4	2	6	5

69

5	7	6	4	2	8	9	1	3
2	9	8	5	1	3	7	4	6
4	1	3	6	9	7	5	8	2
6	4	9	7	5	2	8	3	1
1	3	7	9	8	4	6	2	5
8	2	5	3	6	1	4	9	7
7	8	1	2	4	5	3	6	9
9	5	4	1	3	6	2	7	8
3	6	2	8	7	9	1	5	4

70

4	5	7	1	6	2	8	9	3
1	2	6	8	3	9	7	4	5
3	8	9	7	4	5	6	2	1
8	7	1	2	5	3	4	6	9
5	9	4	6	1	8	3	7	2
6	3	2	4	9	7	1	5	8
2	6	3	9	7	1	5	8	4
9	4	5	3	8	6	2	1	7
7	1	8	5	2	4	9	3	6

71

6	4	2	7	3	9	1	8	5
7	1	5	2	8	6	9	4	3
8	9	3	5	1	4	6	2	7
2	5	8	3	9	7	4	1	6
9	3	1	4	6	8	7	5	2
4	6	7	1	2	5	8	3	9
3	8	6	9	4	2	5	7	1
1	7	4	6	5	3	2	9	8
5	2	9	8	7	1	3	6	4

72

4	8	7	1	2	3	6	5	9
9	5	2	8	4	6	3	1	7
1	3	6	5	9	7	2	4	8
8	1	9	2	5	4	7	3	6
2	6	4	3	7	1	8	9	5
3	7	5	9	6	8	4	2	1
6	2	8	4	1	9	5	7	3
7	4	1	6	3	5	9	8	2
5	9	3	7	8	2	1	6	4

73

9	4	1	2	8	5	7	6	3
8	2	6	3	1	7	9	5	4
7	3	5	9	4	6	2	1	8
2	9	3	1	5	4	8	7	6
4	6	8	7	2	9	5	3	1
1	5	7	6	3	8	4	2	9
5	1	2	8	9	3	6	4	7
3	7	9	4	6	2	1	8	5
6	8	4	5	7	1	3	9	2

74

7	2	3	8	1	4	5	9	6
8	1	6	7	5	9	3	2	4
9	4	5	3	6	2	8	1	7
3	5	2	4	9	1	6	7	8
1	8	7	6	3	5	9	4	2
6	9	4	2	7	8	1	5	3
4	3	9	5	2	6	7	8	1
5	7	8	1	4	3	2	6	9
2	6	1	9	8	7	4	3	5

75

6	5	4	9	1	8	2	3	7
8	1	7	3	4	2	5	6	9
9	2	3	7	5	6	8	1	4
7	4	2	6	9	3	1	8	5
1	3	9	8	2	5	7	4	6
5	6	8	1	7	4	3	9	2
3	7	6	2	8	9	4	5	1
2	8	5	4	6	1	9	7	3
4	9	1	5	3	7	6	2	8

76

2	1	6	9	3	8	4	5	7
9	5	4	7	6	2	8	3	1
3	7	8	5	1	4	2	6	9
6	8	2	1	9	5	3	7	4
7	3	5	4	2	6	1	9	8
4	9	1	8	7	3	6	2	5
8	2	9	6	5	1	7	4	3
1	6	7	3	4	9	5	8	2
5	4	3	2	8	7	9	1	6

77

7	5	8	2	9	3	1	4	6
9	6	1	8	7	4	3	5	2
4	3	2	5	1	6	7	9	8
2	9	5	6	4	1	8	3	7
6	8	3	9	5	7	4	2	1
1	7	4	3	2	8	9	6	5
5	2	7	4	8	9	6	1	3
3	1	9	7	6	5	2	8	4
8	4	6	1	3	2	5	7	9

78

1	6	7	8	9	3	5	2	4
3	4	9	2	1	5	6	8	7
8	5	2	7	6	4	3	1	9
4	9	3	5	8	2	1	7	6
2	8	6	1	4	7	9	5	3
5	7	1	9	3	6	8	4	2
7	3	8	4	5	9	2	6	1
9	2	5	6	7	1	4	3	8
6	1	4	3	2	8	7	9	5

79

4	8	5	7	9	3	6	1	2
7	6	1	4	5	2	8	9	3
9	2	3	6	1	8	4	5	7
2	7	8	9	3	6	5	4	1
1	9	6	2	4	5	3	7	8
3	5	4	1	8	7	2	6	9
6	3	2	5	7	1	9	8	4
5	4	7	8	2	9	1	3	6
8	1	9	3	6	4	7	2	5

80

5	1	6	4	3	9	7	8	2
3	8	4	7	1	2	5	6	9
2	7	9	5	6	8	4	1	3
8	2	3	6	9	4	1	7	5
4	5	7	2	8	1	9	3	6
9	6	1	3	5	7	2	4	8
7	3	2	9	4	6	8	5	1
6	4	8	1	2	5	3	9	7
1	9	5	8	7	3	6	2	4

81

1	8	5	2	3	4	6	7	9
7	4	2	1	6	9	5	3	8
3	6	9	5	8	7	2	4	1
4	9	6	7	2	8	1	5	3
2	3	8	4	1	5	9	6	7
5	1	7	6	9	3	8	2	4
9	7	3	8	5	6	4	1	2
8	5	1	3	4	2	7	9	6
6	2	4	9	7	1	3	8	5

82

8	6	5	3	4	9	1	2	7
4	2	9	5	1	7	8	6	3
7	1	3	8	2	6	5	4	9
5	4	8	2	7	1	3	9	6
2	3	6	4	9	8	7	1	5
9	7	1	6	3	5	4	8	2
3	5	4	9	8	2	6	7	1
1	8	2	7	6	3	9	5	4
6	9	7	1	5	4	2	3	8

83

9	5	6	3	4	7	1	2	8
2	8	1	9	5	6	4	3	7
3	7	4	1	2	8	9	6	5
8	6	3	4	7	1	5	9	2
4	2	9	5	6	3	8	7	1
7	1	5	2	8	9	3	4	6
5	3	8	6	9	2	7	1	4
1	4	2	7	3	5	6	8	9
6	9	7	8	1	4	2	5	3

84

4	8	3	1	9	6	5	2	7
5	7	1	3	4	2	6	9	8
2	6	9	8	5	7	4	1	3
3	9	6	5	8	1	2	7	4
7	1	2	6	3	4	8	5	9
8	5	4	7	2	9	3	6	1
6	2	8	9	1	3	7	4	5
1	3	7	4	6	5	9	8	2
9	4	5	2	7	8	1	3	6

85

8	1	9	2	6	3	5	4	7
7	5	6	4	8	9	3	1	2
2	4	3	5	7	1	8	6	9
3	6	1	8	4	2	9	7	5
5	2	4	1	9	7	6	8	3
9	7	8	6	3	5	4	2	1
6	3	7	9	2	4	1	5	8
4	9	5	7	1	8	2	3	6
1	8	2	3	5	6	7	9	4

86

1	9	7	5	6	8	3	2	4
2	4	3	9	1	7	8	5	6
8	5	6	3	4	2	7	9	1
3	8	2	4	5	9	1	6	7
7	1	9	6	8	3	2	4	5
4	6	5	2	7	1	9	3	8
9	7	4	8	2	6	5	1	3
6	3	1	7	9	5	4	8	2
5	2	8	1	3	4	6	7	9

87

1	6	9	7	8	2	5	3	4
2	4	5	9	3	1	7	6	8
7	3	8	5	4	6	9	2	1
9	8	4	2	5	3	1	7	6
6	2	3	8	1	7	4	9	5
5	1	7	6	9	4	3	8	2
8	5	1	3	6	9	2	4	7
4	9	2	1	7	8	6	5	3
3	7	6	4	2	5	8	1	9

88

8	9	1	4	3	6	2	5	7
5	2	4	9	7	8	6	3	1
6	3	7	2	5	1	9	8	4
4	8	6	7	9	5	1	2	3
7	1	3	8	2	4	5	6	9
9	5	2	6	1	3	4	7	8
2	7	5	3	4	9	8	1	6
3	6	9	1	8	2	7	4	5
1	4	8	5	6	7	3	9	2

89

1	4	5	2	6	3	8	7	9
3	6	2	8	9	7	1	5	4
9	8	7	1	4	5	2	3	6
2	1	8	7	5	6	4	9	3
5	7	9	4	3	8	6	2	1
4	3	6	9	2	1	5	8	7
7	2	1	3	8	4	9	6	5
8	5	3	6	1	9	7	4	2
6	9	4	5	7	2	3	1	8

90

7	9	1	5	8	3	4	2	6
4	5	6	1	2	7	9	3	8
8	2	3	4	9	6	1	7	5
3	6	2	9	7	5	8	4	1
9	4	7	6	1	8	3	5	2
5	1	8	3	4	2	6	9	7
6	8	4	2	5	9	7	1	3
2	7	9	8	3	1	5	6	4
1	3	5	7	6	4	2	8	9

91

4	5	3	9	7	2	1	8	6
8	9	2	6	5	1	4	3	7
6	7	1	8	4	3	5	9	2
7	2	6	5	8	4	9	1	3
3	1	4	7	2	9	8	6	5
5	8	9	3	1	6	7	2	4
1	3	5	4	6	8	2	7	9
2	6	7	1	9	5	3	4	8
9	4	8	2	3	7	6	5	1

92

3	1	9	8	4	7	5	6	2
5	4	6	3	1	2	8	7	9
2	7	8	6	5	9	1	3	4
8	5	4	7	2	3	6	9	1
7	9	1	4	6	8	3	2	5
6	2	3	5	9	1	7	4	8
9	8	2	1	7	6	4	5	3
4	3	7	2	8	5	9	1	6
1	6	5	9	3	4	2	8	7

93

1	6	7	5	3	2	9	4	8
3	2	8	9	4	1	5	7	6
5	9	4	6	8	7	1	3	2
9	4	2	3	7	6	8	5	1
7	5	3	8	1	9	2	6	4
8	1	6	4	2	5	3	9	7
6	3	1	2	9	4	7	8	5
4	7	9	1	5	8	6	2	3
2	8	5	7	6	3	4	1	9

94

9	5	6	8	3	2	1	4	7
2	7	1	6	5	4	9	3	8
3	4	8	7	9	1	5	2	6
8	6	3	9	4	7	2	1	5
4	9	2	5	1	6	7	8	3
7	1	5	2	8	3	6	9	4
5	8	7	3	2	9	4	6	1
6	2	4	1	7	8	3	5	9
1	3	9	4	6	5	8	7	2

95

8	6	7	9	4	2	1	5	3
2	4	9	5	3	1	7	6	8
1	3	5	7	6	8	9	4	2
4	7	1	2	5	6	3	8	9
5	8	6	1	9	3	2	7	4
9	2	3	4	8	7	5	1	6
7	9	8	6	2	5	4	3	1
3	5	2	8	1	4	6	9	7
6	1	4	3	7	9	8	2	5

96

6	5	7	3	4	1	2	8	9
3	2	4	8	7	9	6	5	1
8	9	1	6	2	5	7	4	3
9	7	3	4	1	2	8	6	5
4	8	2	5	9	6	1	3	7
5	1	6	7	3	8	4	9	2
1	3	8	9	6	7	5	2	4
2	4	5	1	8	3	9	7	6
7	6	9	2	5	4	3	1	8

97

5	3	8	2	9	6	7	4	1
6	4	2	3	1	7	9	8	5
9	7	1	4	8	5	6	2	3
2	8	3	5	7	9	4	1	6
7	6	9	1	2	4	5	3	8
1	5	4	8	6	3	2	7	9
4	9	6	7	3	1	8	5	2
3	2	5	6	4	8	1	9	7
8	1	7	9	5	2	3	6	4

98

1	5	9	7	4	8	3	6	2
8	6	2	3	9	5	1	7	4
4	3	7	2	6	1	9	8	5
6	1	4	8	7	3	2	5	9
3	2	5	9	1	6	7	4	8
7	9	8	5	2	4	6	1	3
5	8	6	1	3	2	4	9	7
9	4	3	6	5	7	8	2	1
2	7	1	4	8	9	5	3	6

99

3	9	5	1	7	2	6	8	4
7	8	1	3	6	4	5	9	2
6	4	2	8	5	9	1	3	7
1	6	4	2	3	8	7	5	9
9	2	3	7	1	5	8	4	6
5	7	8	9	4	6	3	2	1
8	1	7	4	9	3	2	6	5
2	5	9	6	8	1	4	7	3
4	3	6	5	2	7	9	1	8

100

4	6	5	8	3	1	2	7	9
7	8	2	4	9	6	3	1	5
1	3	9	5	7	2	4	6	8
6	9	4	1	2	5	8	3	7
3	2	8	6	4	7	5	9	1
5	1	7	9	8	3	6	4	2
8	4	1	2	6	9	7	5	3
2	5	3	7	1	4	9	8	6
9	7	6	3	5	8	1	2	4